U0212719

雨林

[美]佩内洛普·阿隆 [美]托里·高登-哈里斯/著
罗文瑜/译 黄乘明/审订

天津出版传媒集团
新蕾出版社

如何阅读互动电子书

在开始之前，请你先来了解一下如何使用互动电子书，这可以帮助你获得更多的阅读乐趣。

更多知识、更多乐趣、更多互动，
尽在《猿猴观察站》！
登陆新蕾官网 www.newbuds.cn
下载你的互动电子书吧！

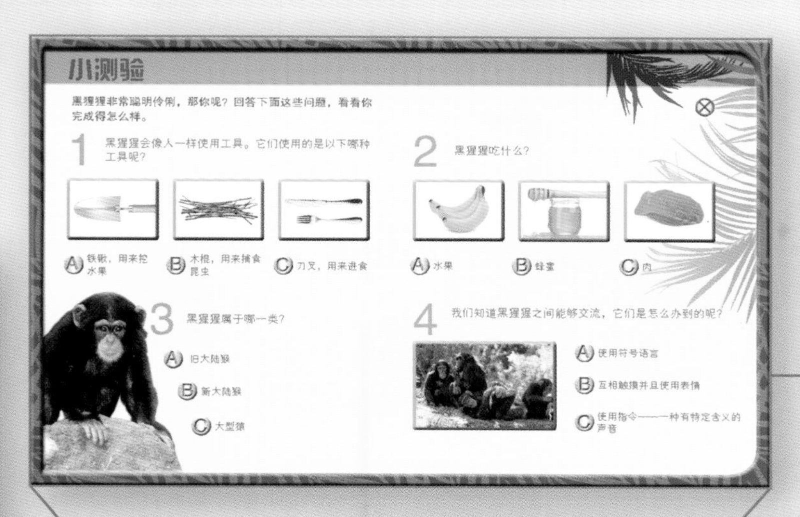
小测验
黑猩猩非常聪明伶俐，那你呢？回答下面这些问题，看看你完成得怎么样。
1 黑猩猩会像人一样使用工具。它们使用的是以下哪种工具呢？
A 铁锹，用来挖水果
B 木棍，用来捕食昆虫
C 刀叉，用来进食
2 黑猩猩吃什么？
A 水果
B 蜂蜜
C 肉
3 黑猩猩属于哪一类？
A 旧大陆猴
B 新大陆猴
C 大型猿
4 我们知道黑猩猩之间能够交流，它们是怎么办到的呢？
A 使用符号语言
B 互相触摸并且使用表情
C 使用指令——一种有特定含义的声音

进行有趣的猴子测试——你有猴子那么聪明伶俐吗？

普通黑猩猩
目录
黑猩猩属于 灵长类 动物，就像你我一样。但它们并不是猴子——它们是大型的猿。猿是没有尾巴的。成年的黑猩猩常常会秃顶，特别是雌性，雄性则有三角形的秃斑。和猴子一样，猿也非常聪明，能通过观察和模仿来学习。
普通黑猩猩的栖息地
小测验
更多发现：
黑猩猩族群
倭黑猩猩
观看正在玩游戏的黑猩猩
黑猩猩的大脑只有人类的三分之一，但是它们之间仍然可以进行不使用语言的 "交谈"。
五根手指
黑猩猩使用木棍作为 工具 ，把昆虫从窝里引出来或者从木桩里挖出小虫子。
黑猩猩出生时脸是粉红色的，随着年龄的增长，脸的颜色会变深。
我们为什么喜欢雨林

阅读关于猴子和大型猿类的详细信息。

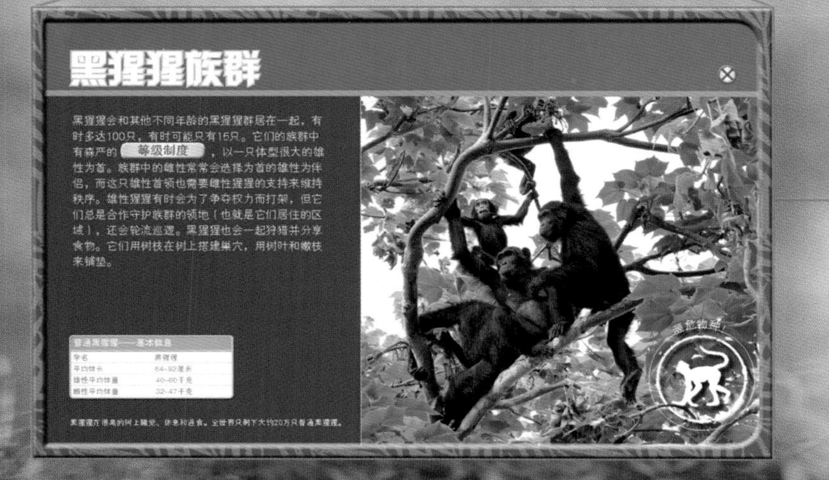
黑猩猩族群
黑猩猩会和其他不同年龄的黑猩猩群居在一起，有时多达100只，有时可能只有15只。它们的族群中有森严的 等级制度 ，以一只体型很大的雄性为首。族群中的雌性常常会选择为首的雄性为伴侣，而这只雄性首领也需要雌性猩猩的支持来维持秩序。雄性猩猩有时会为了争夺权力而打架，但它们总是合作守护族群的领地（也就是它们居住的区域），还会轮流巡逻。黑猩猩也会一起狩猎并分享食物。它们用树枝在树上搭建巢穴，用树叶和嫩枝来铺垫。
普通黑猩猩——基本信息
学名 黑猩猩
平均体长 64~92厘米
雄性平均体重 40~60千克
雌性平均体重 32~47千克
黑猩猩在很高的树上睡觉、休息和进食。全世界只剩下大约20万只普通黑猩猩。

下载电子书，阅读关于猿猴的更多内容。记得要用 Adobe Reader 软件打开阅读哟！

图书在版编目(CIP)数据

雨林 / (美) 阿隆 (Arlon,P.) , (美) 高登 – 哈里斯 (Gordon–Harris,T.) 著 ; 罗文瑜译. –– 天津 : 新蕾出版社, 2016.3(2019.4 重印)
(发现更多·6+)
书名原文: Rainforest
ISBN 978-7-5307-6317-9

Ⅰ. ①雨… Ⅱ. ①阿… ②高… ③罗… Ⅲ. ①雨林—儿童读物 Ⅳ. ①S718.54-49

中国版本图书馆 CIP 数据核字(2015)第 274783 号

津图登字:02-2013-71

出版发行:天津出版传媒集团
新蕾出版社
http://www.newbuds.com.cn
地　　址:天津市和平区西康路 35 号(300051)
出 版 人:马玉秀
电　　话:总编办 (022)23332422
发行部(022)23332679　23332677
传　　真:(022)23332422
经　　销:全国新华书店
印　　刷:北京盛通印刷股份有限公司
开　　本:889mm×1194mm　1/16
印　　张:5
版　　次:2016 年 3 月第 1 版　2019 年 4 月第 2 次印刷
定　　价:39.80 元

目录

关于雨林的一切

雨林里的动物

至关重要的雨林

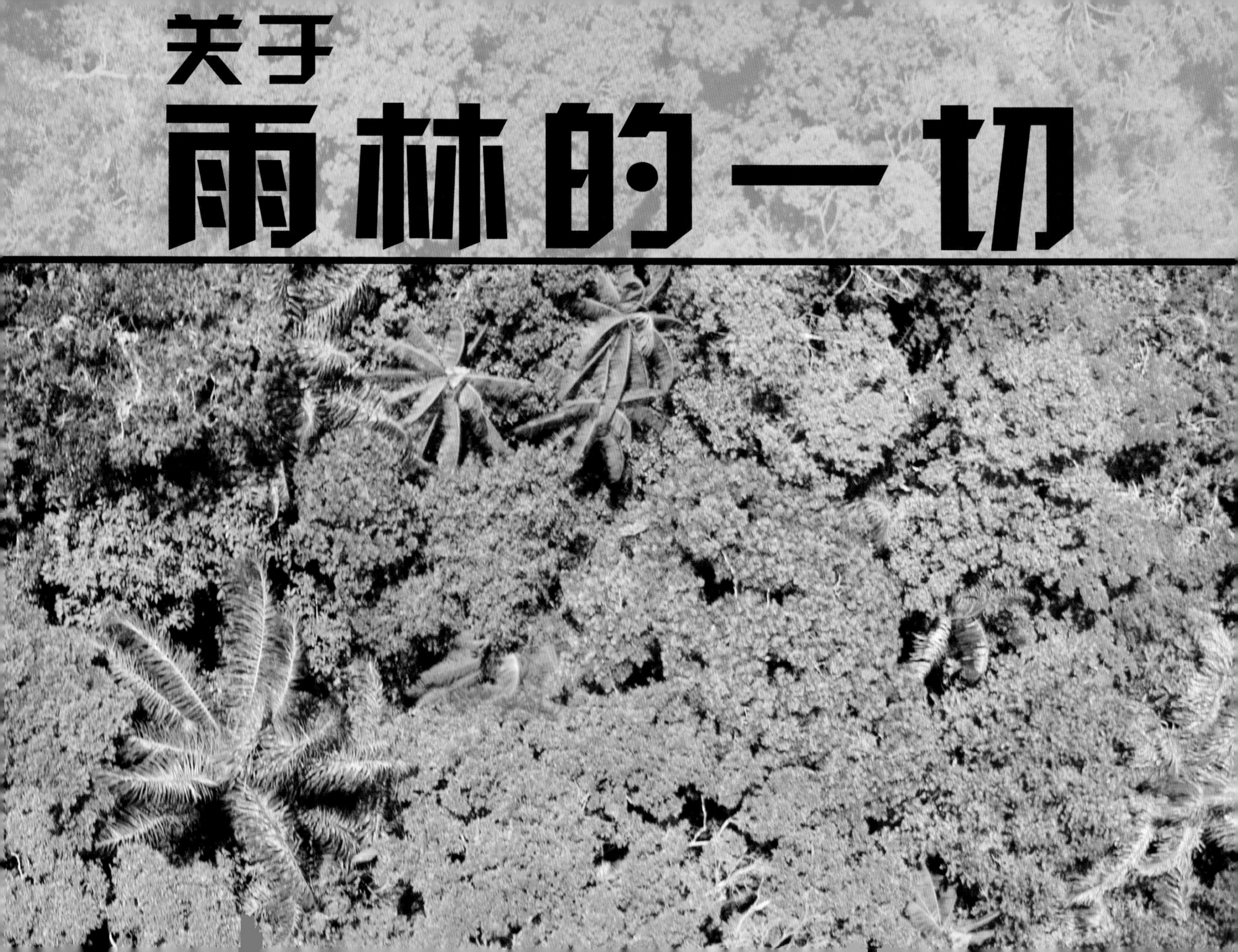
关于
雨林的一切

欢迎来到我们星球上最古老、最丰富多彩的陆上栖息地。在炎热潮湿的气候里，雨林被旺盛生长的植物所覆盖。这里不仅是各种神奇动植物的家，还有数以百万计的新物种在等待被发现。

雨林是什么？

想象你正走在一片浓密、闷热的森林里，踏过松软潮湿的土地，耳边传来昆虫的鸣叫、猴子的吼声和鸟儿的歌声。热带雨林欢迎你！

北美洲

绯红金刚鹦鹉

中美洲和南美洲的雨林也覆盖着加勒比群岛。

非洲

加彭蝰蛇

中美洲

亚马孙雨林是全世界最大的雨林。

赤道

彩虹巨嘴鸟

亚马孙河

南美洲

它们在哪儿？

热带雨林有时也叫作丛林，它们位于赤道（人们假想出来的绕地球正中一圈的线）附近。照射到赤道上的阳光是最炙热的。

赤道上每天都有12小时的光照——全年阳光充足！

粉红趾狼蛛

地球上只有百分之六的面积覆盖着雨林，

雨林的天气周期 供植物生长的完美天气

1 炽热的阳光

雨林里的气温能够达到30摄氏度左右。植物充分吸收阳光，并把它转变成能量来帮助自己生长。

2 大量的降雨

这里每年的降雨量能够达到4000毫米左右。植物从根部吸收水分，然后一直输送到树叶的尖端。

3 丰富的植被

树叶散发出水蒸气，这些雾气又升到空中形成了云以及更多的降雨。植物在大量的雨水和阳光中生长得非常茂盛。

亚洲

长鼻猴

东南亚的雨林一直从亚洲大陆延伸到澳大利亚的北端。

河

茂盛的雨林沿着刚果河流域覆盖了中非西部。

大洋洲

天牛

环尾狐猴

狐蝠

遭受威胁的丛林

人类正在不断地砍伐雨林。这不仅使植物和动物陷入危险的境地，也会影响我们整个星球的环境健康。在第66至67页有更多相关的信息。

但那里却生活着全世界一半以上的动植物物种。

彩虹般的雨林动物

雨林动物的色彩非常鲜艳。颜色可以帮助它们拟态、吸引其他动物或者警告对方“我是有毒的”。有时候，它们也可能只是为了炫耀而已！

喜庆亚马孙鹦鹉
青斑凤蝶
海伦娜闪蝶
鸟翼凤蝶
钴蓝箭毒蛙
虹彩吸蜜鹦鹉
豹变色龙
紫刀翅蜂鸟
尔默树蛙
红眼树蛙
红脚旋蜜雀
金龟
天牛
栗头蜂虎
孔雀石蝶
绯腰巨嘴鸟
拟叶蝈蝈
兰花蜂
黄蓝金刚鹦鹉
小丑箭毒蛙
绿树蟒
孔雀
绿鬣蜥
马达加斯加日间壁虎
毛毛虫
南美大黄蝶
绿色象鼻虫

从上到下

雨林就像一座很高的多层建筑，每一层楼都住着特定的植物和动物。它们中有一些甚至从未光临过地面。

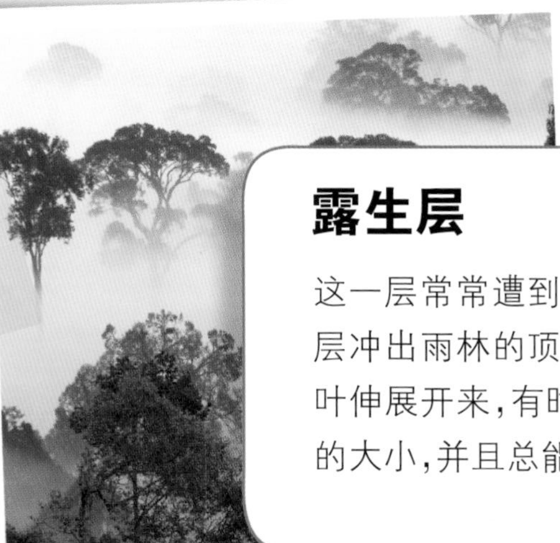

露生层

这一层常常遭到大风吹袭，一些树木从这层冲出雨林的顶端，直达云霄。树顶的枝叶伸展开来，有时候可以达到两个足球场的大小，并且总能沐浴在充足的阳光中。

树冠层

树冠层就像是雨林的屋顶，是雨林中最炎热的一层。高大的树木在这里伸展枝叶，竞相争夺阳光并孕育出果实。由于这里有充足的食物，所以大多数雨林动物都住在这一层。

灌木层

只有很少一部分阳光能够穿透树冠层，到达这个潮湿、阴暗的灌木层。为了获得尽可能多的阳光，这里的植物都长着大大的叶子。蛇盘绕着树藤向上爬，昆虫低声地嗡鸣，而树蛙们则满足地享受着这充满了水汽的湿润空气。

地面层

只有约百分之二的阳光能到达闷热的地面层。由于降雨，地面非常潮湿。昆虫在这里四处穿梭，五颜六色的真菌从腐朽的木头上冒了出来。

雨林的地面层

地面层就像一个到处是树桩的幽暗迷宫。很少有新生的植物能获得充足的阳光而生长起来。危险的捕食者们正在树林里蠢蠢欲动，等待它们的猎物上钩。

毛茸茸的猎人

黄昏后，大型狼蛛会从它们铺满蛛丝的洞穴里爬出来，去捕食昆虫、小型爬行动物，甚至哺乳动物。

臭角菌用恶臭来吸引苍蝇帮助自己传播孢子。

奇异的真菌

森林地面上的真菌是非常重要的资源回收员。它们分解死亡的植物，并把营养物质输送回土壤里。

迷你资源回收员

甲壳虫、蚂蚁和白蚁等昆虫帮助清除腐烂的树木、叶子及死亡的动物，否则这些东会堆满整个森林的地面层。

一滴雨水从雨林的树冠层到达地面层要花掉 10 分钟的时间。

在四处觅食的时候，鹤鸵可能会用它坚硬的冠来推开周围厚厚的灌木。

大型的哺乳动物

很少有食草的哺乳动物住在这里，因为大多数树叶都长在更高的地方。只有为数不多的几种食草动物，比如图上的这只犀牛，在这里横冲直撞地寻找鲜嫩的植物吃。

真菌的伞状结构里含有孢子，它们能长成新的真菌。

大型鸟类

南方鹤鸵是一种生活在东南亚丛林的地面层的大型鸟类。

蛇

蛇总是静悄悄地藏在森林的地面层中。眼镜王蛇的毒液能杀死一只大象。

繁忙的树冠层

在茂盛的树冠高处，水果和花朵为各种各样的野生动物提供了充足的食物。

猴子

猴子们尖叫着在树冠周围荡来荡去。上面这只蜘蛛猴正在树叶之间寻找着食物，它们通常聚集成很大的族群生活。

三趾树懒

行动缓慢的树懒常常倒挂在树枝上。

鹃鸸在
树梢上
啼鸣。

树冠上常常潜伏着危险。每只动物都在寻觅着它们的食物。

凤尾绿咬鹃

上百种颜色鲜艳的鸟类居住在树冠层，并以那里的水果和昆虫为食。

绿鬣蜥

大型的爬行动物潜伏在树枝上。这种绿鬣蜥能够长到约 2 米长。

叶甲虫

大量的树叶、花和水果为昆虫提供了稳定的食物来源，而这些昆虫自己又会成为捕食者的食物。

树懒只有在排泄的时候才会下到地面上来。

动物名人堂

雨林拥有比其他任何栖息地都更多的动植物物种。因此，这里面住着一些大自然的世界纪录保持者也就不足为奇了。

最大的花

巨型大王花的直径长达1米。它闻起来就像腐烂的肉！

最臭的水果

榴莲闻起来就像把洋葱和臭袜子放在一起，但是有些人却说它们很好吃！

叫声最响的动物

亚马孙雨林的吼猴发出的声音能够传到30千米之外。

最大的树叶

非洲酒椰棕榈的叶子能够长到25米长，3米宽，这是世界上最大的叶子。

南美洲的亚马孙河比世界上其他任何一条河流的淡水资源都丰富。

最灵巧的爬树者

长臂猿一次跳跃就能跨过 9 米以上的距离。长长的手臂能帮助它们从一根树枝荡到另一根树枝上。

最大的蛇

绿森蚺是世界上最大的蛇，长度超过 8.8 米。

最慢的动物

树懒的动作非常缓慢，这是因为它们主要吃树叶，从中只能获得很少的能量。

扇翅膀最快的鸟

蜂鸟扇翅膀的速度能够达到每秒 80 次。它们也是唯一能够倒退着飞行的鸟。

最大的蝴蝶

亚历山大女皇鸟翼凤蝶只比这本书展开的时候小一点点！

最大的有鳞鱼

巨骨舌鱼是最大的有鳞淡水鱼，长达 3 米以上。

争夺阳光

一株植物想要在雨林中生长，它就必须努力地争取阳光。植物在竞争的时候会耍一些小花招哟。

凤梨科植物几乎在所有的美洲雨林中都能找到。

盛水的碗

有一小部分凤梨科植物生长在森林的地面层上，但大多数凤梨科植物都把根扎在很高的树枝上，因为那里有更多的阳光。它们的叶子长得就像可以盛水的碗一样，有些大到足够让昆虫甚至是树蛙住在里面。

板根

板根

有一些植物能够从树干上长出一种叫作板根的树根，帮助它们从薄薄的土壤中获得额外的支撑，加强稳定性。板根使这些树木长得更高，从而能获得更多的阳光。

树顶的植物

附生植物，比如凤梨科植物、兰花、苔藓和地衣的种子会在其他植物向阳的表面上发芽，但它们并不会损伤依附的那株植物。它们从露水、雨水、腐烂的植物以及空气中的水汽中获得水分和营养。

树木杀手

绞杀榕的种子能粘到树木的顶端，而它们的根会一直延伸到地面。这些新萌发的植物会围绕着所依附的树木慢慢地长出枝干和树茎，最终把那株树木挤压绞杀致死。

藤蔓

藤本植物会把根扎进树皮里，沿着其他树木生长。当它们到达树冠的时候，又会把根重新扎到地下来稳固自己。

树木的循环 当一棵树死掉的时候，争夺它的位置的战争就开始了。

1 倒下的树

当一棵树在森林中倒下时，它就留下了一个让阳光照进来的空隙。

2 新生植物

刚刚萌发的树苗会争先恐后地想要取代那棵死去的树。

3 迁移

如果一棵棕榈树被推倒了，它倾斜的树干上又能长出新的根来，然后扎到一个新的位置上生长。

很多树只会把叶子长在能被阳光照到的树冠上。

神奇的植物

在雨林里，植物常常需要长得比较大或者变得很狡猾才能生存并繁衍下去。它们还经常需要吸引动物来帮忙。

花的长度正好和蜂鸟的喙吻合。

寻求帮助

一朵花需要花粉才能产生种子。蝎尾蕉花用它香甜的花蜜来吸引蜂鸟。花粉沾到蜂鸟的身上,蜂鸟就会把它带到另一朵蝎尾蕉花上。

蜂鸟是少数几种能在飞行时原地悬浮的鸟之一。

夜间开花

修面刷树很不同寻常——它只在夜晚开花。它会释放出一种像奶酪一样的味道,吸引蝙蝠来吸食花蜜并帮助它传播花粉。

一些植物的叶子特别巨大,以至于当地人会在下雨时拿来当伞使用。

苍蝇

型植物

马孙王莲的叶子非常巨大，用来
收尽可能多的阳光。

食肉植物

猪笼草能分泌一种美味的花蜜，把昆虫吸引到它致命的陷阱里。之后，猪笼草就会把昆虫消化并吸收掉。

臭味花

大王花闻起来就像腐烂的肉一样，但苍蝇很喜欢这种味道，这样苍蝇就会帮它传播花粉了。

修面刷树的花

种子的传播

甚至鱼也能帮助植物传播种子。亚马孙河的淡水鲳鱼会吃掉落进水里的植物果实并传播里面的种子。

雨林里的动物

当你行走在雨林中的时候，你可能会见到羽毛艳丽的鸟，有毒的青蛙，或者是切叶蚁的“军队”。雨林是大约全世界一半的动物物种的家。大多数的灵长类动物都住在丛林里，比如这两只狨猴。

中美洲和南美洲的雨林

中美洲和南美洲拥有世界上面积最大的雨林，其中绝大多数位于亚马孙盆地。

美洲豹带花斑的皮毛与周围灌木层的环境完美地融为一体。

亚马孙的基本信息

雨林面积
大约 600 万平方千米

当地人口
大约 100 万土著居民

最大的哺乳动物
中美貘

食物链顶端的捕食者
美洲豹、角雕、大水獭、蟒蛇

最接近灭绝的物种
Ameerega ingeri ——箭毒蛙的一种。至今为止，只在 1970 年于哥伦比亚发现过一只。

美洲豹

行踪诡秘的美洲豹是美洲热带雨林中位于食物链最顶端的捕食者。它从来没有在世界上任何其他地方被发现过。

雨林里的野生动物

巨嘴鸟

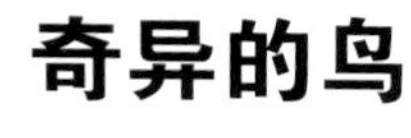

奇异的鸟

丛林里到处都是奇异的鸟类。袖珍国家巴拿马所拥有的鸟类物种数量比整个北美洲的还要多。

爬树之王

南美洲的猴子，比如这只蜘蛛猴，是唯一能把尾巴当作第三只手来使用的动物，它的尾巴在摆荡时可以紧紧抓住树枝。

雨林土著

雨林中大约居住着 400 个土著部落，他们大多数都已经被外部世界影响了，只有少数几个部落还过着与世隔绝的生活。

神秘的爬虫

没有人知道雨林里到底有多少种虫类，每一棵树上可能都住着上百种呢。

世界上约百分之十五的鸟类生活在亚马孙雨林。

亚马孙河

常常有大河流经热带雨林，因为那里常年都在下雨。壮丽的亚马孙河穿过丛林，有超过 1000 条的支流汇聚其中。

食物来源

很多部落居住在亚马孙河附近，这条河成为他们重要的食物来源和交通枢纽。

粉红色海豚

亚马孙河里还住着海豚。这些海豚非常特别，因为它们长大后会变成粉红色的。

惊人的亚马孙河

亚马孙河流淌着比世界上任何其他河流都多的淡水。它是无数淡水生物的家，也为很多陆地动物提供了饮用水，并且养育着亚马孙河流域难以计数的植物。

危险！小心！这条河是个危险的地方。

凯门鳄

一种叫作凯门鳄的鳄鱼潜伏在水边，准备着突袭那些来河边喝水的动物。

食人鱼

这些红腹食人鱼拥有像刀片一样锋利的牙齿，能把动物吃到只剩骨头。

大水獭

大水獭是这条河里食物链顶端的捕食者。它吃鱼和蛇，甚至还吃凯门鳄的幼崽。

亚马孙河在一些流域可以达到 10 千米宽！

亚马孙人

亚马孙雨林里住着大约400个土著部落，每一个都有他们自己专属的领地、语言和文化。

生活在危险之中

大约有32000个亚诺玛米人住在巴西和委内瑞拉的边界上。现在，他们的家园正受到伐木以及非法开采金矿的威胁。

丛林城市

大多数住在雨林里的人都像亚诺玛米人一样生活着，但是雨林里也是有城市的，伊基托斯就是全世界最大的一座不通公路的城市。

亚诺玛米人把大约500种植物分别当作食物、药材、建筑材料以及其他有用的物品。

亚诺玛米人的生活 跟雨林和谐相处的人。

一间大房子

亚诺玛米人生活的群体最多能达到 400 个人。同一群体的人都居住在一间很大的被称为“夏波诺”的房子里。

打猎

男性负责打猎和捕鱼。他们会把一种叫作箭毒的植物毒素涂在弓箭的尖端。

种植

亚诺玛米的女性在她们的花园里种植着 60 多种植物。

亚诺玛米人有时会在鼻子和耳朵上穿孔。

亚马孙雨林的地面层居住着几百万种非常隐蔽的迷你生物，有一些需要你非常仔细地观察才能发现。

这只狼蛛正在吃一只鸟。

阿兹特克蚁

阿兹特克蚁住在蚁栖树上。这种树为蚂蚁提供糖浆作为食物，而作为回报，蚂蚁负责保卫这种树，防止其他动物采食。

亚马孙巨人食鸟蛛

这种狼蛛是世界上最大的蜘蛛之一。它足足有一个餐碟那么大！它并不织网，而是在地面上捕猎。

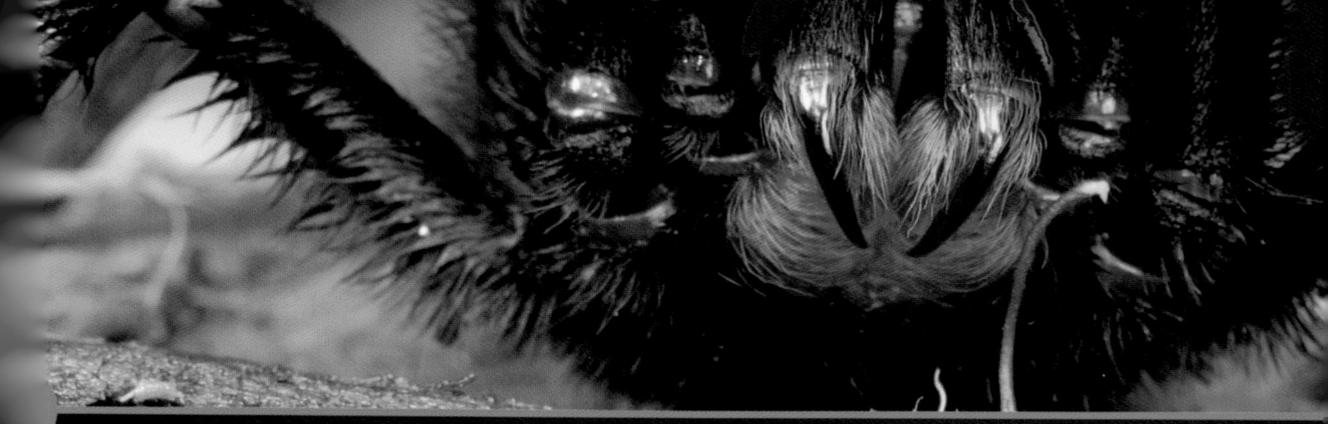

在亚马孙河流域里，超过百分之九十的物种都是昆虫，而且还有很多有待发现

蝎子

蝎子拥有能抓住猎物的巨大的钳子，在它尾巴的末端还有一根毒刺，能够杀死猎物并防御天敌。

这只异常艳丽的毛毛虫将会变成一只蛾子。

毛毛虫

雨林里有许多色彩鲜艳的毛毛虫，它们中的很多都是有毒的。

人们认为它们的幼虫会吃木头，但迄今为止还没人真正见到过。

狼蛛

巨大的甲虫

这只巨型天牛是亚马孙雨林里最大的甲虫。它锋利的下颚能够切断铅笔或者割破人的皮肉。

发现更多

更多关于有毒的动物的内容，请见38页。

聚集泥坑的蝴蝶

聚集泥坑的雄性蝴蝶能把矿物盐转移给雌性蝴蝶。

它们在喝什么？

一大群粉蝶聚集在一起，从泥浆里饮入矿物质，这种行为被称为聚集泥坑现象。雨林里的矿物盐非常稀少，但是动物的尿液和血液有时会混入泥土中，成为矿物盐的重要来源。

谁吃谁？

每时每刻，雨林里一定有某种动物在捕食另一种动物。“谁吃谁”这个问题有时是由一条叫作食物链的关系线所决定的。

树冠上的一条食物链 这条食物链是从空中开始的。

鹰

美洲角雕是食物链顶端的捕食者，也就是说没有其他动物会捕食它。角雕捕食猴子。

猴子

僧帽猴是杂食性动物。它吃植物和动物，比如螳螂。

螳螂

螳螂也是杂食性动物。它总是很有耐心地等待着昆虫经过，然后猛地一下扑上去。

蛾子

乌桕大蚕蛾只能存活一到两个星期，它处于食物链的最底层。

凯门鳄不是食物链顶端的捕食者，因为美洲豹会捕食它们。

眼镜凯门鳄

凯门鳄

这种鳄鱼是杂食性动物。它会用牙齿把鱼紧紧地咬住。它也捕食到河边喝水的哺乳动物，比如鹿。

有些动物吃起来还有些麻烦。翻到下一页看看吧。

使用毒液

这种森林蝮蛇会捕食小型动物。它悬挂在树上，当猎物比如这只老鼠经过的时候，它会以闪电般的速度出击。它先用毒牙咬住老鼠,注入毒液来杀死它,然后再将一整只老鼠都吞下去。

防御

动物们可不会轻易让自己被吃掉，它们会想尽一切办法不变成别人的午餐。

毒液

一些动物在用它们鲜艳的颜色警告大家,它们是有剧毒的，而且还很难吃呢,比如这些箭毒蛙。

草莓箭毒蛙

箭毒蛙是世界上毒性最强的生物之一。

尖刺防御

有一些树长有尖锐的刺和突起，用来保护自己不被饥饿的食草动物吃掉。想要爬上这株木棉树可不是个好主意哟。

身体的盔甲

犰狳拥有一身坚硬的骨质壳。它能把身体蜷曲起来变成球状，用以保护内部柔软的结构不被攻击。

犰狳

亚洲金皮树的叶子是有毒的,碰一下可能会痛两个月呢!

树顶逃生

这只白脸僧帽猴能迅速地从一根树枝荡到另一根树枝，从而开辟出一条快速逃脱的通道。

有力的螫咬

子弹蚁住在很大的族群里，它们通过有力的并带有毒性的螫咬来抵御捕食者，保护它们的蚁窝。

拟态 你能看见我吗?

如果受到惊吓，犰狳可以一下子就跳到大约一米高的空中呢！

没有多少饥饿的捕食者能够发现这只蛙。

这只鸟连在树枝上打瞌睡都很安全，因为它看起来和树枝一模一样！

仔细观察，你就会发现一只正在拟态的蜘蛛。

壁虎没有眼睑。为了保持眼睛的清洁，它们会用舌头舔眼睛哟！

这只神奇的苔藓叶尾壁虎将自己的皮肤和它倚靠着的树干完美地融为一体。它能通过改变皮肤的颜色来隐藏在任何一棵它所选择的树木上。这样,它白天就能安稳地睡觉了,因为它知道那些饥饿的捕食者完全看不见它。

上面这只壁虎很有可能正在树枝上睡觉。

非洲雨林

非洲大部分的雨林都位于非洲大陆上靠近大西洋一侧的刚果盆地中。它以拥有大型猿猴而闻名。

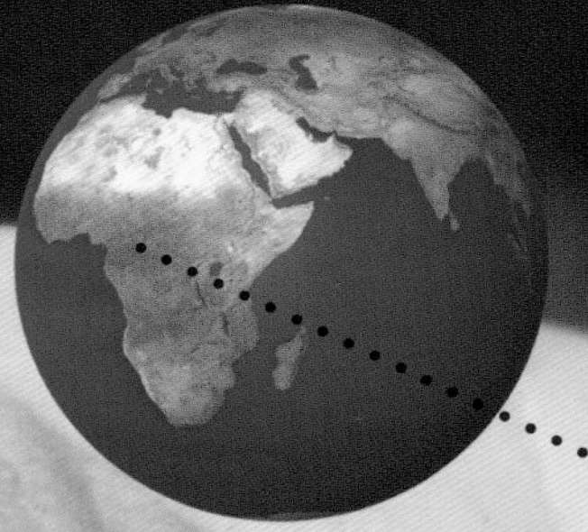

雨林的基本信息

雨林面积
大约 187.5 万平方千米

当地人口
大约 50 万土著居民

最大的哺乳动物
非洲森林象

食物链顶端的捕食者
花豹、鳄鱼、非洲岩蟒

最接近灭绝的物种
山地大猩猩——世界上仅存几百只，是极度濒危的物种。

虫子

非洲雨林里有一些特别奇怪的生物，也有一些世界纪录保持者，比如这只巨大花潜金龟。它是世界上最重的甲虫，重量可以达到 100 克左右。

对非洲雨林里大多数野生动物而言，

非洲灰鹦鹉，一种精明的模仿者，几乎可以模仿任何动物的叫声。

非洲雨林的野生动物

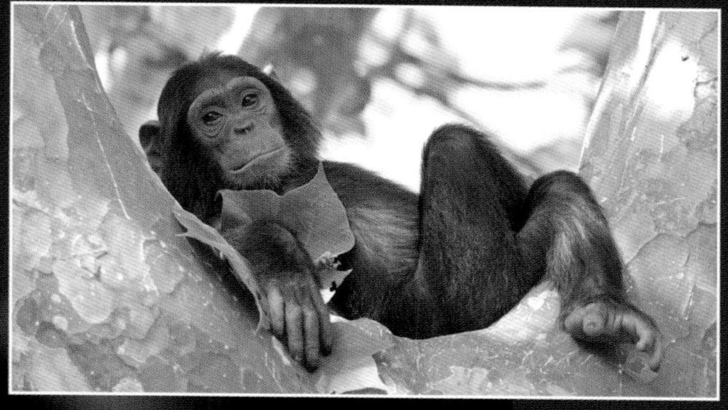

大型猿猴

非洲雨林是大猩猩和黑猩猩（左图）的家。

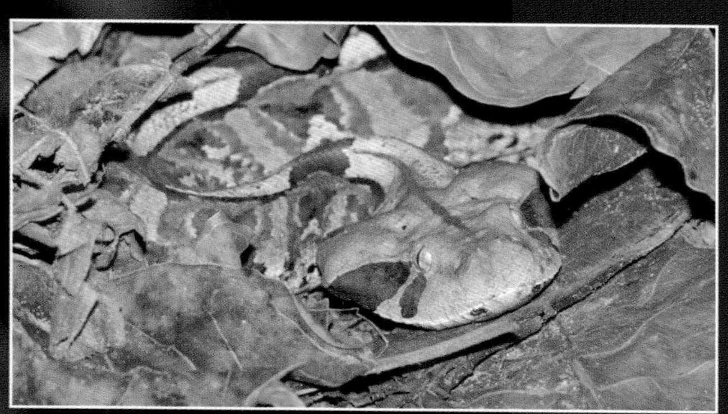

致命的毒蛇

一些地球上毒性最强的蛇就隐藏在非洲雨林里，比如这条能置人于死地的加彭蝰蛇。

怪异的哺乳动物

霍加狓是一种有着长长的脖子和带条纹的屁股的奇怪动物。它还有一条大约35厘米长的蓝色舌头。

鸟

雨林里有很多奇异的鸟，比如非洲灰鹦鹉。它是一种极为聪明的、会模仿的鸟类，它能模仿几乎所有动物的声音。

最大的威胁就是为了动物的肉而捕杀它们的人类。

森林里的土著居民

非洲雨林里有很多原始部落。埃费是一个在森林里居住了几千年的、以狩猎和采集为生的部落。

矮小的身材

非洲雨林里的土著居民个子特别矮小。他们很少能长到 1.5 米以上。

丛林里的房子

埃费人常年在雨林中迁徙。不管迁移到哪儿,他们都会在那里搭建临时的住房。

这个简易的住所是用树枝和叶子搭建而成的。

土著居民相信森林在保护着他们,因此他们会为雨林唱歌来使它高兴。

采集蜂蜜的人非常受大家尊重，因为取走蜂蜜会激怒蜜蜂，十分危险。

埃费人的食物

埃费人不种植食物。他们狩猎动物，吃植物，还会收集像蜂蜜这样的食物。

食物交换

埃费人常用他们的猎物和蜂蜜跟住在外界的人交换衣服以及其他物品。

寻找水源

埃费人知道丛林里所有的水源，以及如何用树藤来取水。

丛林里的猿猴

在任何丛林里你都能听到灵长类（猴子和猿）的叫声。它们中有些种类可以聚集成大群生活。

蜘蛛猴生活的族群最多时有35个成员，它们会用各种声音来进行交流，比如咆哮声和尖叫声。
你很容易就能认出这种猴子，因为它们有着又大又鼓的鼻子！
侏狨是世界上最小的灵长类动物。
疣猴非常灵活敏捷。不同于其他猴子，安哥拉疣猴并没有大拇指。
侏狨
栖息地：
亚马孙雨林
是猴子还是猿：
猴子
平均体长：
大约15厘米
食物：
树胶、昆虫、蜘蛛
蜘蛛猴
栖息地：
亚马孙雨林
是猴子还是猿：
猴子
平均体长：
大约66厘米
食物：
水果、种子、鸟蛋、蜘蛛的卵
长鼻猴
栖息地：
加里曼丹岛
是猴子还是猿：
猴子
平均体长：
大约75厘米
食物：
水果、种子、树叶
黑白疣猴
栖息地：
西非雨林
是猴子还是猿：
猴子
平均体长：
大约75厘米
食物：
树叶、水果、花

黑猩猩、红毛猩猩和大猩猩都是大型猿类。长臂猿是小型猿类。

大猩猩是世界上最大的灵长类动物。
黑猩猩能像人一样使用工具。它们常用小棍子和草茎像钓鱼一样钓出昆虫。
雄性山魈有彩色的鼻子和蓝色的屁股！它是世界上最大的猴子。
红毛猩猩会把巢穴建在树上并在里面睡觉。
栖息地：
西非雨林
是猴子还是猿：
猴子
平均体长：
大约 81 厘米
食物：
植物、小动物
黑猩猩
栖息地：
西非和中非
是猴子还是猿：
猿
平均体长：
大约 160 厘米
食物：
水果、种子、红疣猴(黑猩猩会成群地猎捕它们)
红毛猩猩
栖息地：
加里曼丹岛和苏门答腊岛
是猴子还是猿：
猿
平均体长：
大约 175 厘米
食物：
水果、昆虫、鸟蛋、蜂蜜
大猩猩
栖息地：
西非和中非
是猴子还是猿：
猿
平均体长：
大约 180 厘米
食物：
树叶、嫩芽、树茎、水果

猴子有尾巴，猿没有尾巴。

马达加斯加

马达加斯加岛上的非洲雨林里住着许多这个岛上特有的动物，它们从来没有在世界上的其他地方被发现过。

国王变色龙是最大的变色龙之一，它大约有人的手臂那么长。

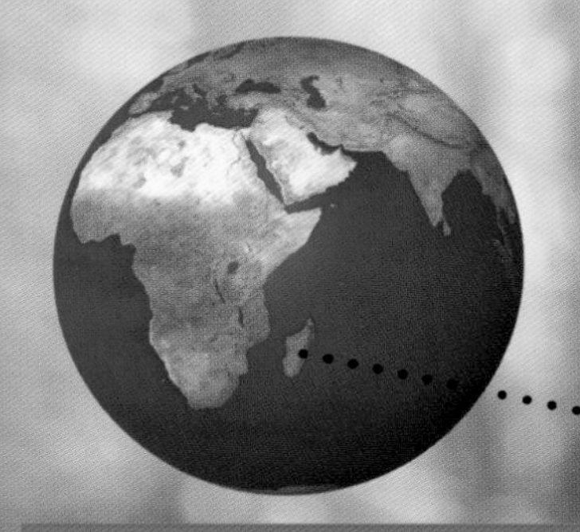

雨林的基本信息

雨林面积

587041 平方千米。马达加斯加岛上曾经全部覆盖着雨林，但现在只剩下 10%了。

当地人口

岛上有大约 2200 万人；大约分为 20 个族群

最大的哺乳动物

薮猪

食物链顶端的捕食者

马岛獴

最接近灭绝的物种

马岛潜鸭——全世界只剩下约 60 只。

变色龙

世界上所有变色龙中，有超过一半都生活在马达加斯加。它们拥有跟身体一样长的舌头，还能够随着心情改变自己的颜色。

巨型象鸟站起来足有 3 米高，它们曾经就住在这片雨林里，

鸟

在马达加斯加发现的所有鸟类中，有超过一半都是这个岛上所特有的，比如这只弯嘴鹮。

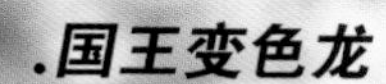

哺乳动物

这片雨林里的哺乳动物都比较小。马岛獴长得有点儿像猫，体型和狗差不多，却是马达加斯加最大的捕食者。

昆虫

雨林里到处都是昆虫。这种马达加斯加发声蟑螂是一种夜行性杂食动物，它的肚子里还带着活的幼虫呢！

狐猴

狐猴是马达加斯加特有的灵长类动物。它们大多是群居，而且能在树林和地面上跳跃前进。

但是现在已经由于被捕杀而灭绝了。

破纪录的网

蛛网

这个网是在马达加斯加发现的，它是由达尔文树皮蜘蛛所织成的。这种蜘蛛的网可以达到两辆校车的长度，是世界上已知的最大的网。

惊人的事实:蛛网是地球上已知的最坚韧的天然材料。

雨林里到处都是看起来很奇怪的生物。有一些是透明的，有一些的形状很怪异，还有一些甚至会发光！

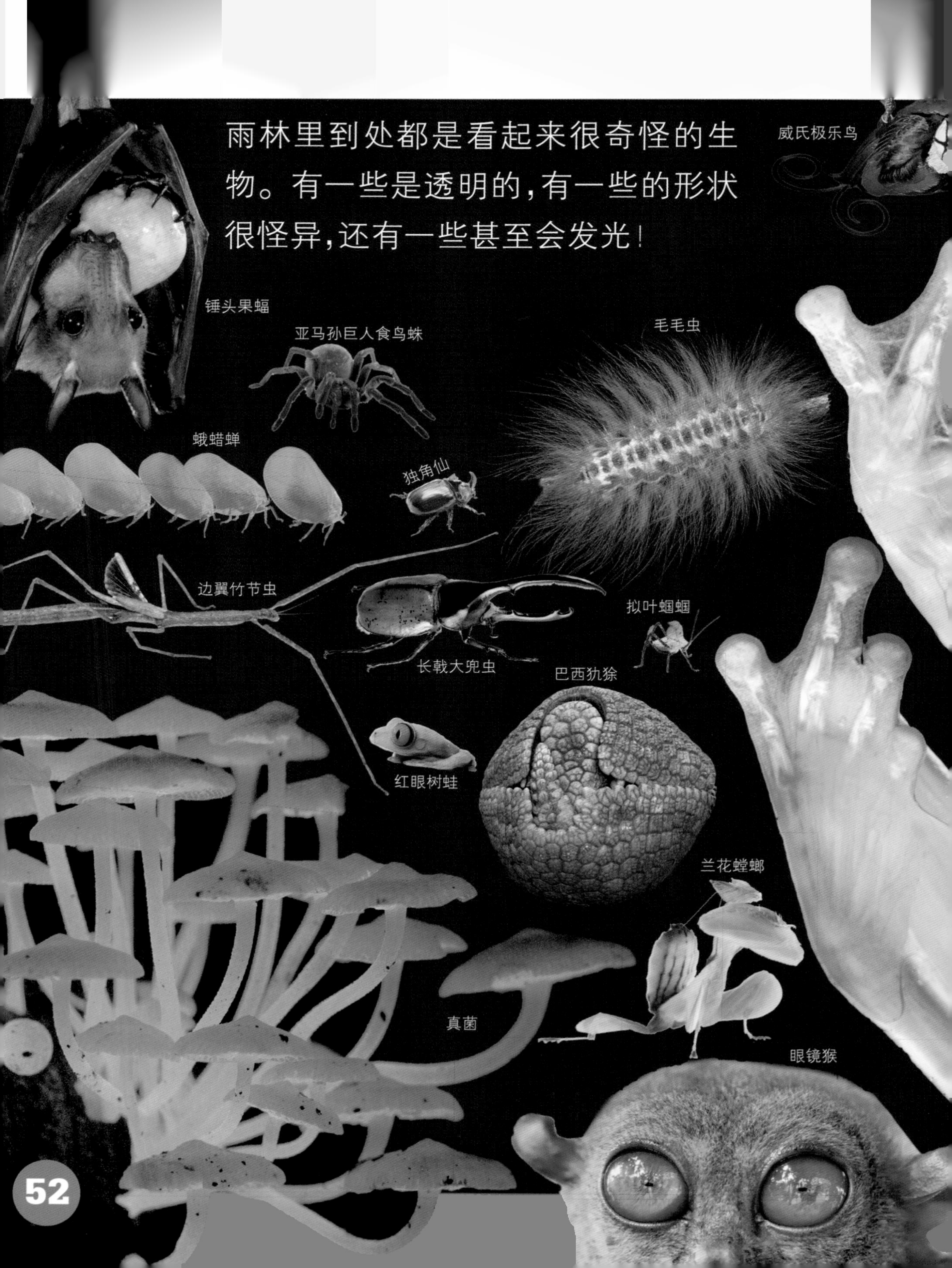

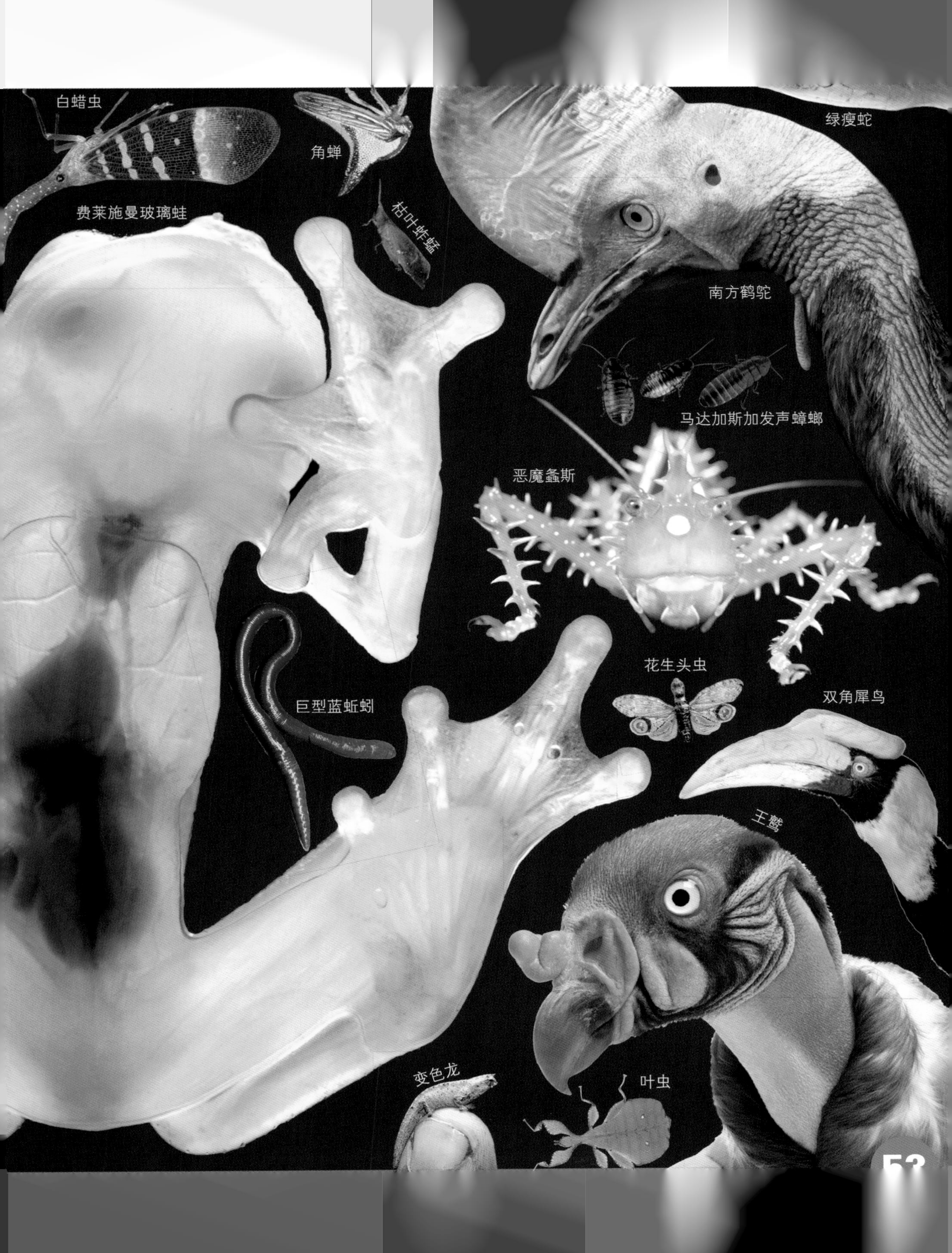
白蜡虫
角蝉
绿瘦蛇
费莱施曼玻璃蛙
枯叶蚱蜢
南方鹤鸵
马达加斯加发声蟑螂
恶魔螽斯
花生头虫
双角犀鸟
巨型蓝蚯蚓
王鹫
变色龙
叶虫

亚洲雨林

亚洲雨林是世界上最古老的雨林之一。它从印度起始，一直延伸到澳大利亚北部，覆盖着这块区域里的几百个海岛。

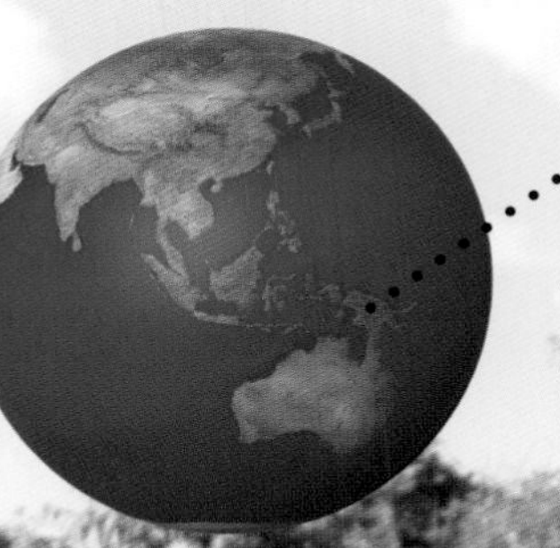

巴布亚新几内亚

雨林的基本信息

覆盖的国家

印度、斯里兰卡、不丹、孟加拉、缅甸、泰国、老挝、越南、柬埔寨、马来西亚、巴布亚新几内亚、菲律宾、印度尼西亚、澳大利亚

当地人口

光是巴布亚新几内亚就有几百个部落

最大的哺乳动物

亚洲象

食物链顶端的捕食者

老虎、缅甸蟒、黑鹰

最接近灭绝的物种

爪哇犀牛——野外可能只剩下不到45只了。

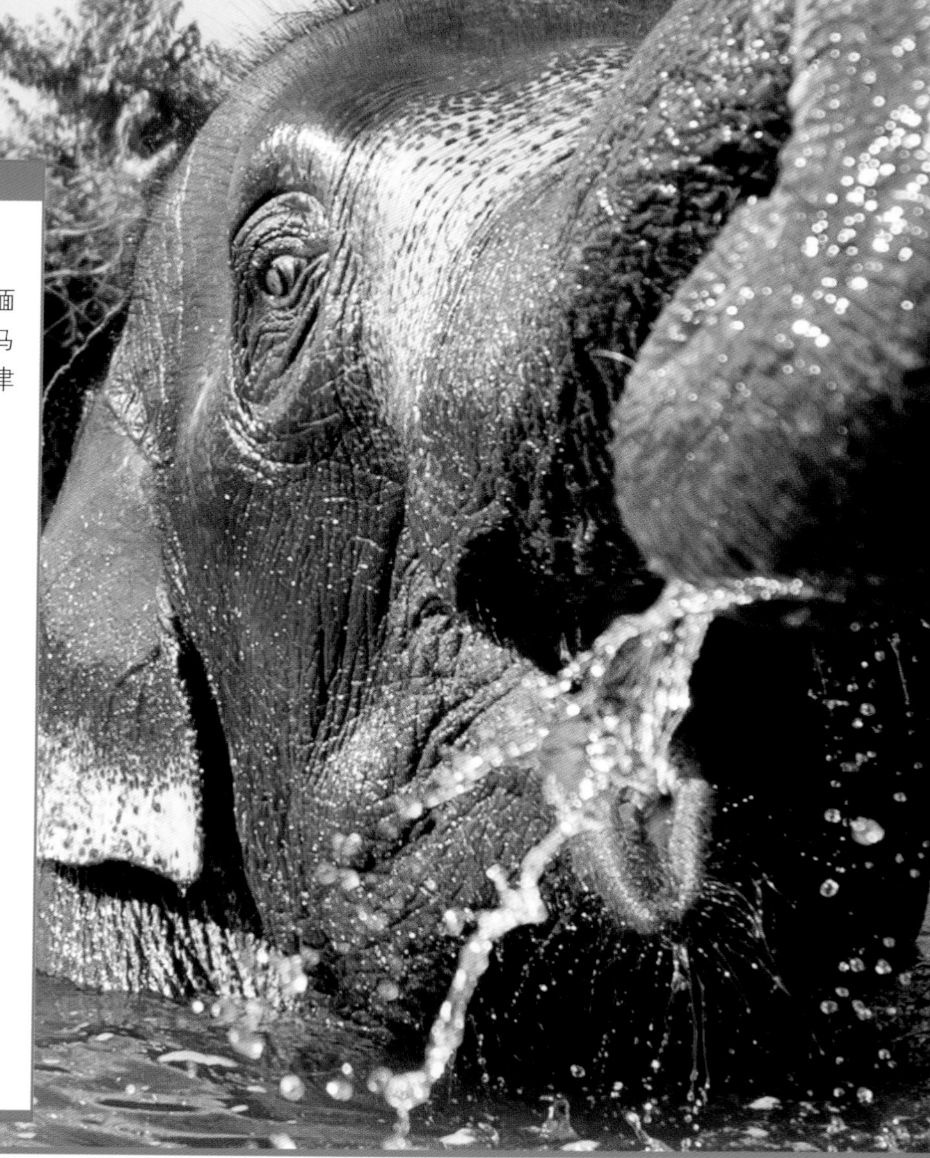

人们把这些大象当作交通工具。

红毛猩猩是亚洲雨林里最大的灵长类动物。

海岛雨林里的野生动物

乌桕大蚕蛾

世界上最大的蛾子就住在东南亚的雨林里。它大约有30厘米宽。

大型猫科动物

亚洲雨林是最有名的大型猫科动物老虎的家。它的体长可以达到1.8米。

高树

在高高的树上，动物们已经适应了半空中的生活。这只色彩鲜艳的金花蛇能够通过伸长身体以及展开肋骨来进行滑翔飞行。

大象

亚洲象比非洲象的体型小，耳朵也比较小。它们在森林里走来走去，以绿叶植物和树皮为食。

澳大利亚的森林

澳大利亚北部的雨林不像其他雨林有那么多的物种，但它们有树袋鼠！

它被发现于加里曼丹岛和苏门答腊岛上。

当黑暗降临亚洲雨林，奇特的生物们就陆续出现了。猎手们醒了过来，而它们的猎物则处于危险之中！

飞蛙

华莱士飞蛙在晚上捕食。当它发现猎物在另一棵树上时，就会以滑翔的方式飞过去捕捉。

在白天，蝙蝠会倒挂在岩洞里或者树上睡觉。一到晚上，它们就会成群结队地飞出来觅食了。

老虎总是独自生活和捕猎。

貘

马来貘在晚上会到处嗅来嗅去。它的视力并不太好，但是嗅觉却很发达。它还能通过大大的耳朵听声音并预防危险。

隐秘的老虎

老虎在漆黑的森林里追踪着猎物，它安静得就像一只老鼠，把自己隐藏得极好。等到猎物非常靠近的时候，它就会一下子猛扑上去！

狐蝠是世界上最大的蝙蝠。它们展开翅膀时最长可以达到1.5米。

巨型蝙蝠

在夜间，狐蝠通过敏锐的视觉和灵敏的嗅觉来寻找食物。

雌性萤火虫

这些甲虫的腹部能发光。在晚上它们会通过闪光来吸引雄性进行交配。

大眼睛

眼镜猴的眼球非常大，这使它在晚上也能看得很清楚。它会跳到猎物身上并抓住它们。

菲律宾眼镜猴的长手指上有指甲。它后肢的两根脚趾上还长有爪子，用来梳理皮毛。

巴布亚新几内亚

巴布亚新几内亚位于太平洋，它是世界上唯一一个大多数人口都居住在雨林里的国家。

极乐鸟

每个部落都有他们自己的服装。这些服装经常会使用极乐鸟的羽毛来装饰。

节日

很多部落都会到芒特哈根文化节来参加活动。他们穿戴着各种装饰物，进行唱歌跳舞的表演。

胡里部落的头饰

砍伐树木

科罗威部落会在树冠上建造树屋。科罗威人砍树并且收集树枝来作为建造树屋的材料。

建造房屋

这座树屋建造在高出地面 25 米的木桩上。整个部落都会一起来帮忙造树屋。

一个安全的家

科罗威人建造这些惊人的房子是为了保护自己不被其他的部落攻击。

阿萨罗泥人

这些面具和身体上涂抹的油彩都是用泥做成的。

发现更多

更多关于雨林里的土著人的内容，请见 30~31 页。

巴布亚新几内亚有超过 700 种不同的语言。

至关重要的雨林

人类正在破坏地球上最重要的栖息地。热带雨林曾经覆盖着这个星球14%的表面。但到了今天，雨林覆盖的面积只剩下6%，很多动植物物种都已经濒危或者灭绝了，比如图上的这种猪笼草。你能为保护这些残存的雨林做些什么呢？

雨林为什么重要？

雨林极为重要，不只是对植物、动物和住在那里的人，而是对住在地球上的每一个人。如果雨林消失了，我们的生活将会发生彻底的改变。

拟叶蝈蝈

雨林里的家

这个星球上大部分的生物多样性都生存在雨林中。雨林是超过一大半动植物物种的家。

雨林影响着每一个人

帮助我们呼吸

雨林植物制造了大部分供我们呼吸的氧气，因此我们能够生存下去。

净化我们的空气

植物吸收了汽车产生的大量有害的二氧化碳气体。

产生降雨

雨林产生了世界上很大一部分的水蒸气，这些水蒸气被输送到每个国家并形成降雨。

翻到 66~67 页，看看我们的雨林为什么正面临着永远消失的危

以下是雨林对我们的帮助。

维持我们的健康

所有我们用来维持健康的药物中，有大约25%来源于雨林里的植物。

为我们提供橡胶

你知道橡胶来自雨林植物的树脂吗？没有了雨林，就连雨靴都没有了！

养育着我们

我们每天吃的很多食物都生长在雨林里，比如热带水果。

巧克力是怎么做的？

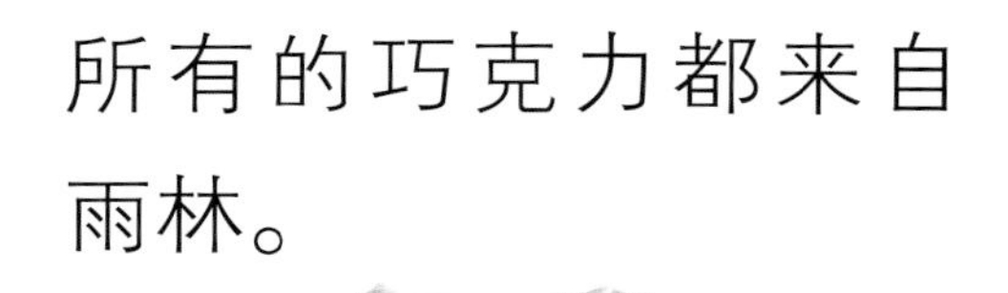

所有的巧克力都来自雨林。

中美洲的阿兹台克人会把可可豆当钱使用！

1 可可树

巧克力是用可可树的豆
也就是它的果实做成的。这种树
须生长在树荫里，因此雨林的灌
层正好适合它。

4 包装可可豆

只有当可可豆完全干燥之后才能被运出雨林。干燥的可可豆被工人用麻袋分装并运到工厂。

5 融化可可豆的子叶

可可豆经过烘焙后被碾去外皮。当可可豆的子叶(也就是去了皮的可可豆)被加热时,它就会融化成可可浆。

只有那些很小的丛林蠓能帮助可可树传粉，

2 种子

这种豆荚有足球那么大呢。每个豆荚里面有大约 0 颗可可豆，也就是它的种子。种子的外面包裹着湿润的果肉。

可可树的豆荚

3 加热并晒干

取出来的可可豆要先堆放在一起用五到六天的时间进行发酵，然后，把它们铺开来晒干。三至七天之后，它们就会变成咖啡色了。

6 制作巧克力

加入了糖和奶脂的可可浆就变成了巧克力。经过机器的搅拌后，巧克力会变得更柔滑。它被放在模具中干燥，然后就可以包装起来了。

7 历史悠久的巧克力

2000 多年以前，中美洲的玛雅人就会制造和食用巧克力了，这种巧克力还混着水、蜂蜜或者辣椒呢！

因此可可树在雨林以外的其他地方都很难生长。

遭受威胁的丛林

就在你读这本书的时间里，一块像两个足球场那么大的雨林已经被摧毁了。雨林的未来正处于危险之中。

谁会受到伤害？

1 当地居民

很多雨林部落被迫离开了他们在森林里的家。

森林退化

森林的消失叫作森林退化。人们砍伐雨林是为了获得木材和棕榈油，然后腾出空地进行耕种，而那些大公司则是为了开采宝石和各种金属矿藏，比如用来做易拉罐的铝。

当树木被砍伐成木材时，重型机械会把土壤翻搅起来，这样会破坏新生的小树，植物就不能重新生长了。

一些人认为，到 2060 年的时候雨林就会彻底消失。

雨林的退化影响着我们每一个人。

2 动物

每一天很可能就有 35 个动物物种正在灭绝。

3 植物

很多植物，比如一些兰花的品种，正在永远地消失。

4 每一个人

食物、医药和我们使用的其他雨林产品也正在消失。

全球变暖

雨林退化也关系到全球变暖，也就是地球温度的升高。二氧化碳（CO^2）吸收太阳的热量和光照，从而使空气的温度升高，而树木能吸收二氧化碳并保持气温的稳定。所以，如果太多树木被砍伐的话，地球就会变暖，很多植物和动物都会因此而死亡。

拯救雨林

几个世纪以前，地球上的雨林面积有现在的两倍那么多。一些政府和组织正在想尽一切办法来阻止雨林被砍伐。你也可以帮上忙哟！

可持续性

一些雨林作物可以在不清除大片森林用地的前提下被种植。这样的农产品被认为具有可持续性。

国家公园

有一些国家会把大片的雨林地区规划成受法律保护的公园。游客要购买门票才能去游玩并参观那里有趣的动物，比如红毛猩猩。

山地大猩猩在非洲的维龙加国家公园里受到人类的保护。

不需要清除大面积的雨林也可以收集到雨林的农产品。

你能做什么呢?

1 学习

寻找那些保护雨林的组织，协助他们宣传雨林保护的知识。

2 资源回收

回收旧的纸张，也告诉其他人这么做，这样就可以少砍一些树了。

3 加强环保意识

确认你买的花和食物都是来自可持续的种植来源。

发现更多

更多关于濒危动物的内容，请见70~71页。

植树造林

木材公司在砍掉树木的地方重新种上新树。重新种植也被叫作植树造林。

动物园和公园

很多动物园和公园会人工繁殖并研究濒危的雨林动物，有一些人工繁殖的动物后来也会被放归自然。

最后的相见

雨林正在迅速地消失，所有住在那里的动物都面临着威胁。这些动物正处在即将灭绝的危险中。

黑掌
蜘蛛猴
白颊长臂猿
大猩猩
斯皮克斯金刚鹦鹉
箭毒蛙
小葵花凤头鹦鹉
棕犀鸟
红冠亚马孙鹦鹉
蝴蝶
金色曼蛙
角蝉
黑白领狐猴
黑猩猩
蝈蝈
邮差蝶
金狮面狨
苏门答腊虎
电蓝壁虎

丛林求生

植物会扎伤你，动物可能也想要吃掉你，你浑身湿透了，却还要寻找食物和饮用水。你能在雨林中生存下来吗？

削尖的竹子可以当作捕鱼的长矛。

在清晨和黄昏，你可以用篝火产生的烟来驱赶蚊虫。

在穿上鞋子和衣服之前，一定要用力地甩动一下——蜘蛛或者蝎子有可能藏在里面哟！

如果你迷路了，就沿着河走。你很可能会找到其他人，甚至是一个小镇。

看看猴子们吃什么。它们能吃的东西，你也能吃。

很多露水会从树叶上滴下来。你可以稍微倾斜树叶，把叶尖对准瓶口，这样就能收集到饮用水了。
切开树藤，你有可能在里面找到饮用水。
如果你没有食物了，可以试试油炸蚂蚁。它们含有丰富的蛋白质呢。
不要直接饮用河水，一定要先烧开并去除杂质。
把泥浆涂在你暴露在外面的皮肤上。等泥浆干了之后，它就会形成一层硬壳，可以当作防蚊的屏障。

采访丛林保育者

姓名：查里斯·西纳那亚克

职业：斯里兰卡拯救雨林国际组织执行主任

问 你是做什么的？

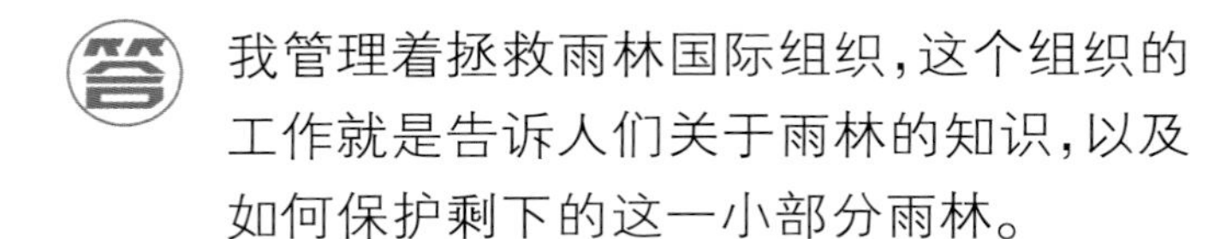

答 我管理着拯救雨林国际组织，这个组织的工作就是告诉人们关于雨林的知识，以及如何保护剩下的这一小部分雨林。

问 斯里兰卡已经有多少雨林消失了？

答 现在这个岛上只剩下大约百分之五的雨林。人们砍伐雨林大多是为了获取木材以及种植农作物，比如茶叶和橡胶，这些东西都被出口到其他国家了。

问 你的组织能做什么？

答 我们访问村庄和学校，开展各种保护雨林的项目并为人们提供教育。

问 你们有什么项目？

答 近期我让一群孩子设计一张海报，他们在雨林里拍照并写上文字介绍，然后我们会把海报打印出来。

问 你们也拯救动物吗？

答 是的。我们现在正在建"青蛙之路"！我们正在建造能把雨林不同的部分连接在一起的池塘，这样能够帮助青蛙从一块区域迁移到另一块区域去。

琴头蜥是一种近危物种，它的数量正在减少。

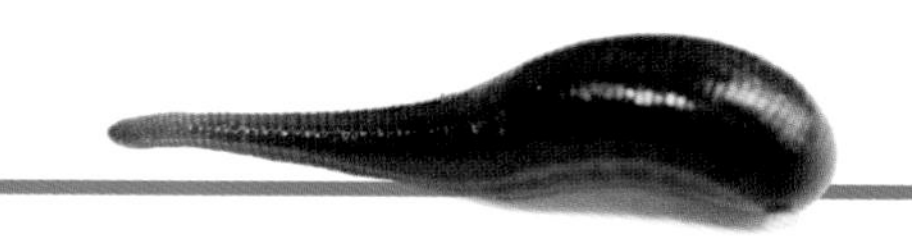

你们种植了新的树木吗？

我们研究了树冠层的树木，然后试着种植一些新的树，希望在它们周围能有雨林自然地生长起来。重要的不是重新种树，而是要和剩下的雨林和谐共处。人们需要利用雨林，但应该使用一种合理的方式。

你最喜欢哪种雨林动物？

肯定是蜂猴了。它是一种有着一双大眼睛的可爱的小型灵长类动物，会在晚上捕食昆虫。可是不幸的是，它是一种濒危物种。

你有最讨厌的雨林动物吗？

水蛭。它是一种特别讨厌的吸血虫，它总是在四处寻找裸露的皮肤好让自己吸附上去。

为什么拯救雨林这么重要呢？

雨林只是斯里兰卡的生态系统之一，但是它却支撑着周围的其他生态系统。如果雨林消失了，不仅那里的野生动物，连雨林周围的其他生命也会受到损害。

我们能为保护雨林做些什么呢？

拯救雨林最好的方法就是要有保护它的意识。试着确认一下你周围的木材是不是都来自可持续的来源——这意味着在砍树的时候雨林不会被破坏，对资源回收也很有帮助。

水蛭

词汇表

保育者
研究或者从事自然区域（比如雨林）保护的人。

捕食者
一种捕食其他动物的动物或者植物。

地面层
位于地面上的森林的最低层，那里几乎没有阳光。昆虫和真菌都生活在那里。

二氧化碳
空气中一种可以被植物利用来制造食物的气体。所有动物都会呼出二氧化碳。二氧化碳是导致全球变暖的温室气体中的一种。

发酵
通常是指通过加热来把谷物或者水果转变成酒精的过程。制造巧克力的过程中就包含了发酵。

附生植物
一种通常会生长在其他植物上面、并从空气中获得水和食物的植物。凤梨科植物和兰花都属于附生植物。

灌木层
雨林中位于森林地面层和树冠层之间的一个层次。它阴暗潮湿，还有很多青蛙、昆虫和蛇。

猴子
有尾巴的一种小型灵长类动物。山魈和狨猴都是猴子。

可持续性
通过植树造林以及其他保育手段来确保雨林不被完全破坏的做法。

猎物
一种被其他动物或者植物捕食的动物。

露生层
由最高大的树木的顶端所组成的雨林最高层。鸟类和猴子通常都生活在这里。

灭绝
不再存在,全部死亡了。

拟态
一种能帮助动物融入周围环境并保护自己的身体形态、斑纹或颜色的变化。

栖息地
动物或者植物平时生活和成长的地方。

全球变暖
指地球大气的温度升高,它是由二氧化碳排放量的增加引起的。

生物多样性
生活在同一栖息地的所有不同动物和植物所组成的生态系统。

食物链
依赖彼此作为食物的一系列生物。一条典型的食物链开始于某种植物被某种食草动物吃掉，而这种食草动物又会被另一种食肉动物吃掉。

树冠层
位于灌木层和露生层之间的一个雨林层次。大多数动物都住在这一层 。

猿
没有尾巴的大型灵长类动物。大猩猩和黑猩猩都是猿。

族群
同种动物聚集成大群生活。

资源回收
把废弃物变成新的、可重复使用的材料。

绿玉树蟒生活在南美洲的雨林里。

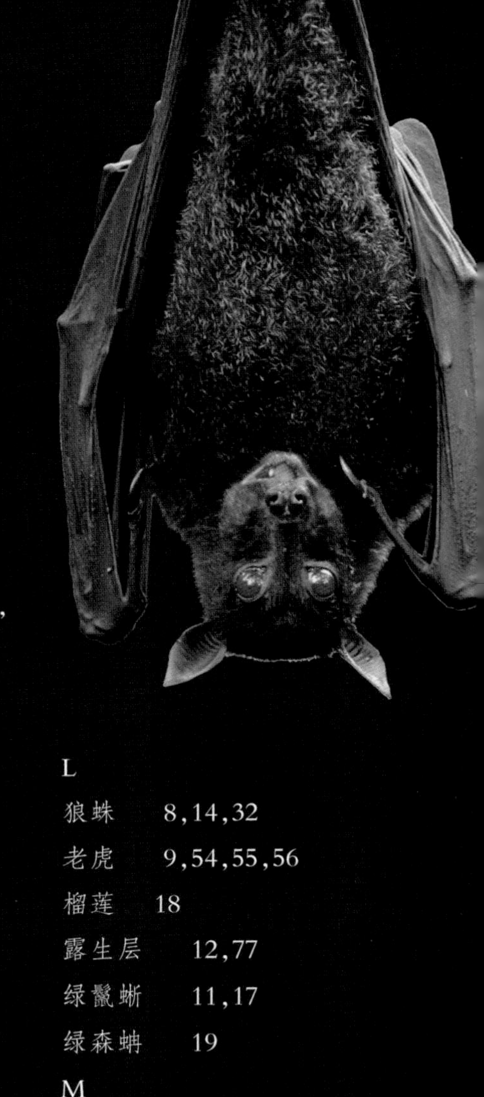

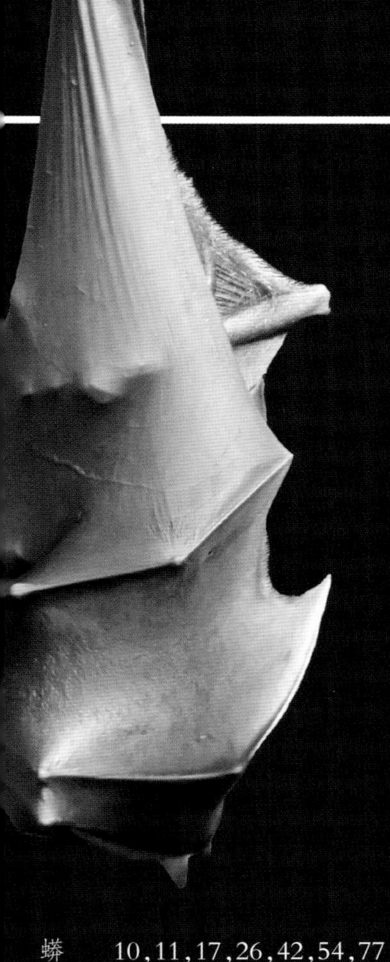

狐蝠会把身体倒挂着睡觉，并用翅膀裹住自己。

致谢

出版者感谢下列机构和个人允许使用他们的图片。

Photography

1: Thomas Marent; 2 - 3: Media Bakery; 3tr, 4 - 5 (background), 4tl: Thomas Marent; 4tr: Wave Royalty Free/Alamy; 5tc: iStockphoto/Thinkstock; 6 - 7: Photodisc/Getty Images; 8tl: Lim Yong Hian/Shutterstock; 8l: Cezary Wojtkowski/age fotostock; 8 - 9 (background): iStockphoto/Thinkstock; 8 (scarlet macaws): Media Bakery; 8 (keel-billed toucan): Hemera/Thinkstock; 8 (whitetoe tarantula): Péter Gudella/Shutterstock; 8 - 9 (Gaboon viper): Eric Isselée/Shutterstock; 9tl: Vaara/iStockphoto; 9tc: Ola Duseg?rd/iStockphoto; 9tr: TommL/iStockphoto; 9 (tiger): JinYoung Lee/Shutterstock; 9 (proboscis monkey): iStockphoto/Thinkstock; 9 (longhorn beetle): Shariff Che'Lah/Fotolia; 9 (ring-tailed lemur): iStockphoto/Thinkstock; 9 (logs): Rouzes/iStockphoto; 9 (flying fox): Dean Bertoncelj/Dreamstime; 10 (flatid leaf bug): Thomas Marent; 10 (red lory): Jordan Tan/Dreamstime; 10 (red leaf beetle): Thomas Marent; 10 (Wallace's golden birdwing): Jens Stolt/Dreamstime; 10 (Brazilian rainbow boa): vitti_80/Fotolia; 10 (strawberry poison dart frog t): Dirk Ercken/Dreamstime; 10 (Attacus atlas moth): maggieddd/iStockphoto; 10 (eighty-eight butterfly): Ian Klein/Dreamstime; 10 (scarab beetle): Morley Read/iStockphoto; 10 (postman butterfly): Aleisha Knight/iStockphoto; 10 (scarlet macaw): Dirk Freder/iStockphoto; 10 (blushing phantom butterfly): Wikimedia Commons; 10 (strawberry poison dart frog b): iStockphoto/Thinkstock; 10 (clearwing moth): Dr. Morley Read/Shutterstock; 10 (yellow-banded poison dart frog): Ryszard Laskowski/Dreamstime; 10 (keel-billed toucan): Edurivero/Dreamstime; 10 (eyelash viper): iStockphoto/Thinkstock; 10 (fruit-piercing moth): Pan Xunbin/Shutterstock; 10 (golden poison frog): iStockphoto/Thinkstock; 10 (great hornbill): Awei/Shutterstock; 10 (orange-barred sulphur butterfly): Didier Descouens/Wikimedia Commons; 11 (festive Amazon parrot): Farinoza/Fotolia; 11 (tailed jay butterfly): Ivan Mikhaylov/iStockphoto; 11 (Helena morpho butterfly): Kiankhoon/Dreamstime; 11 (birdwing butterfly): Oliver Lenz/Fotolia; 11 (blue poison dart frog, rainbow lorikeet): iStockphoto/Thinkstock; 11 (red-legged honeycreeper): Steven Blandin/Dreamstime; 11 (Palmer's tree frog): Dr. Morley Read/Shutterstock; 11 (saberwing hummingbird): Steffen Foerster/iStockphoto; 11 (panther chameleon): Amwu/Dreamstime; 11 (shining leaf chafer, red-eyed tree frog, malachite butterfly, longhorn beetle, leaf mimic katydid): iStockphoto/Thinkstock; 11 (emerald tree boa): Hemera/Thinkstock; 11 (crimson-rumped toucanet): Steve Herrmann/Dreamstime; 11 (chestnut-headed bee-eater): Cowboy54/Dreamstime; 11 (orchid bees): Alan Wellings/Dreamstime; 11 (harlequin poison frog): Dr. Morley Read/Shutterstock; 11 (green iguana): iFocus/Shutterstock; 11 (blue-and-gold macaw): Andrew Burgess/Shutterstock; 11 (Madagascar giant day gecko): larus/Shutterstock; 11 (green weevil, caterpillar): iStockphoto/Thinkstock; 11 (peafowl): srijanroyc/Fotolia; 12 - 13 (background): Thomas Marent; 12 - 13 (vine): Sander Kamp/iStockphoto; 12 (emergent layer, lantern fly, cotton-top tamarin): Thomas Marent; 12 (blue morpho butterfly): PhotoTalk/iStockphoto; 12 (lemur leaf frog), 13 (blunt-headed vine snake, esmeralda butterfly, Stegolepis, cup fungus): Thomas Marent; 14 (background): zstockphotos/iStockphoto; 14l: Thomas Marent; 14tr: Alexander Podshivalov/Dreamstime; 14cr: Dinodia Photos/Alamy; 14br: VincentEOS/iStockphoto; 15 (background): iStockphoto/Thinkstock; 15l: Andy Gehrig/iStockphoto; 15tc: louise murray/Alamy; 15tr, 15bc: Thomas Marent; 15br: Omar Ariff Kamarul Ariffin/Dreamstime; 16 - 17 (background): Ricardo Sánchez/Wikimedia Commons; 16 - 17 (leaves): Lim Yong Hian/Shutterstock; 16cl: Thomas Marent; 16tr: Media Bakery; 16cr: Sas Cuyvers/Wikimedia Commons; 16b: vilainecrevette/iStockphoto; 17t: fivespots/Shutterstock; 17cr: Spiderstock/iStockphoto; 17bl: Thomas Marent; 17bc: Stockbyte/Thinkstock; 17br: Thomas Marent; 18 - 19 (background): Nataliia Natykach/Shutterstock; 18 - 19 (frames): Iakov Filimonov/Shutterstock; 18 - 19 (medals): DNY59/iStockphoto; 18tr: Henrik Hansson Globaljuggler/Wikimedia Commons; 18cl: Sutprattana/Dreamstime; 18bl: Joanne-Weston/iStockphoto; 18bc: David Liebman; 18 - 19b: Wouter Tolenaars/Dreamstime; 19tl: Lin Joe Yin/Dreamstime; 19tr: Jupiterimages/Thinkstock; 19cm: Tom Brakefield/Media Bakery; 19cr: wcpmedia/Shutterstock; 19br: Superbass/Wikimedia Commons; 20l: Pablo J Yoder/iStockphoto; 20r: Flavio Vallenari/iStockphoto; 21tl: Kyprianos Elisseou/iStockphoto; 21tr: Dr. Morley Read/Photo Researchers, Inc.; 21cl: Thomas Marent; 21bl: Vaara/iStockphoto; 21bc: Rob Broek/iStockphoto; 21br: Morley Read/Alamy; 22l: Anthony Mercieca/Photo Researchers, Inc.; 22 - 23 (background), 22 - 23b: Thomas Marent; 23tl: Chao-Yang Chan/Alamy; 23 (fly), 23tc: iStockphoto/Thinkstock; 23tr: Hemera/Thinkstock; 23br: Mark Smith/Photo Researchers, Inc.; 24 - 25, 26 - 27: Thomas Marent; 26tl: Planetary Visions Ltd.; 27tr: iStockphoto/Thinkstock; 27tl: Hemera/Thinkstock; 27ct: Thomas Marent; 27cb: Robertobra/Wikimedia Commons; 27bl: Gary L. Brewer/Shutterstock; 27br: iStockphoto/Thinkstock; 28 - 29, 28br: g01xm/iStockphoto; 28cl: NHPA/SuperStock; 29tl: Phototreat/iStockphoto; 29bl: cynoclub/iStockphoto; 29bc: Tatiana Volgutova/Dreamstime; 29br: Kevin Schafer/Media Bakery; 30tr: Jake Lyell/Alamy; 30bl: Wave Royalty Free/Alamy; 30 - 31: Universal Images Group/SuperStock; 31tl: Wave Royalty Free/age fotostock; 31tc: Trans-World Photos/SuperStock; 31tr: Victor Englebert/Photo Researchers, Inc.; 31br: Wave Royalty Free/Alamy; 32tl: John Mitchell/Photo Researchers, Inc.; 32tr: Alex Wild; 32b, 33tl, 33tc: Thomas Marent; 33r: Patrick Landmann/Photo Researchers, Inc.; 34 - 35: Thomas Marent; 36tl: TommL/iStockphoto; 36tr: Dr. Morley Read/Shutterstock; 36cl: shane partridge/iStockphoto; 36cml: Peter Wollinga/Dreamstime; 36cmr: Magdalena Bujak/Shutterstock; 36cr: kochanowski/Shutterstock; 36b: Charles McRae/Visuals Unlimited, Inc.; 37: Pete Oxford/Nature Picture Library; 38l: Cezary Wojtkowski/age fotostock; 38 - 39: Chris Gallagher/Photo Researchers, Inc.; 38c, 38tr: Thomas Marent; 38bc: iStockphoto/Thinkstock; 38br: Eric Isselée/Shutterstock; 39tr: Alex Wild; 39bl: Minden Pictures/SuperStock; 39bcl, 39bcr, 39br, 40 - 41: Thomas Marent; 42 - 43: Bruce Davidson/NPL/Minden Pictures; 42tl: Planetary Visions Ltd.; 43t: iStockphoto/Thinkstock; 43ct: Guenter Guni/iStockphoto; 43cm: Nico Smit/iStockphoto; 43cb: Krzysztof Wiktor/Fotolia; 43cb (background): Thomas Marent; 43b: Jordana Meilleur/iStockphoto; 44bl: Minden Pictures/Masterfile; 44tr: Tony Camacho/Photo Researchers, Inc; 44 - 45: Thomas Marent; 45tl: Steve Cukrov/Shutterstock; 45tc, 45tr: Minden Pictures/Masterfile; 45br: Sergey Uryadnikov/Alamy; 46 - 47 (background): Rob Broek/iStockphoto; 46 - 47 (tree stumps): Eddisonphotos/iStockphoto; 46l: Asia Images Group Pte Ltd/Alamy; 46cl, 46cr: iStockphoto/Thinkstock; 46r: Martin Harvey/Corbis; 47l: iStockphoto/Thinkstock; 47cl: Hemera/Thinkstock; 47cr: Margaret Stephenson/Shutterstock; 47r: Eric Isselée/iStockphoto; 48 - 49: Nick Garbutt/SteveBloom.com; 48tl: Planetary Visions Ltd.; 49t: Frank Vassen/Wikimedia Commons; 49ct: Jameson Weston/Shutterstock; 49cb: Anthony Aneese Totah Jr/Dreamstime; 49b: Henkbentlage/Dreamstime; 50 - 51: Dr. Matja? Kuntner; 51tr: GalliasM/Wikimedia Commons; 52 (hammerheaded flying fox): Merlin Tuttle/BCI/Photo Researchers, Inc.; 52 (Goliath bird-eating spider): Amwu/Dreamstime; 52 (flatid leaf bugs): Thomas Marent; 52 (rhinoceros beetle): Empire331/Dreamstime; 52 (hairy caterpillar): Thomas Marent; 52 (Wilson's bird of paradise): Doug Janson/Wikimedia Commons; 52 (margined-winged stick insect): andrewburgess/Fotolia; 52 (Hercules beetle): Cosmin Manci/Dreamstime; 52 (leaf mimic katydid): iStockphoto/Thinkstock; 52 (fungi): Thomas Marent; 52 (red-eyed tree frog): 1stGallery/Shutterstock; 52 (Brazilian armadillo): Minden Pictures/SuperStock; 52 (orchid mantis): Eric Isselée/Fotolia; 52 (tarsier): Marcus Lindstr?m/iStockphoto; 53 (lantern fly): Thomas Marent; 53 (thorn bugs): Jeffrey Lepore/Photo Researchers, Inc.; 53 (Fleischmann's glass frog, dead leaf grasshopper): Thomas Marent; 53 (southern cassowary): Stefanie Dollase-Berger/Shutterstock; 53 (green vine snake): Matthew Cole/Shutterstock; 53 (hissing cockroaches): Chichinkin/Shutterstock; 53 (spiny devil katydid): Morley Read/iStockphoto; 53 (giant blue earthworm): Fletcher & Baylis/Photo Researchers, Inc.; 53 (peanut-head bug): Ismael Montero Verdu/iStockphoto; 53 (great hornbill): Wizreist/Dreamstime; 53 (chameleon): Thomas Marent; 53 (leaf insect): Isselee/Dreamstime; 53 (king vulture): Eric Isselée/Fotolia; 54 - 55: BirDiGoL/Shutterstock; 54tl: Planetary Visions Ltd.; 55t: Aleksandrs Jemeljanovs/Dreamstime; 55ct: Sergey Uryadnikov/Dreamstime; 55cb: Fletcher & Baylis/Photo Researchers, Inc.; 55b: Iorboaz/Dreamstime; 56 - 57: Steve Winter/National Geographic Stock; 56tr: Stephen Dalton/Photo Researchers, Inc.; 56 (bats): Dean Bertoncelj/Dreamstime; 56bl: lightpoet/Shutterstock; 57tl: Stéphane Bidouze/iStockphoto; 57tr: Steven Puetzer/Getty Images; 57cl: Barry Mansell/SuperStock; 57br: Vitaly Titov/Dreamstime; 58 - 59: Eye Ubiquitous/Alamy; 58tr: Szefei/Dreamstime; 58bl: Gavriel Jecan/age fotostock; 59tl, 59tc: Eric Baccega/NPL/Minden Pictures; 59tr: George Steinmetz/National Geographic Stock; 60 - 61, 62 - 63t: Thomas Marent; 62cl: iStockphoto/Thinkstock; 62bl: Ralf Hettler/iStockphoto; 62bc: David Parsons/iStockphoto; 62br: Cristian Baitg/iStockphoto; 63t: Chris Lorenz/Dreamstime; 63bl: Stockbyte/Thinkstock; 63bcl: Irogova/Dreamstime; 63bcr: Mynametp1/Dreamstime; 63br: Josef Mohyla/iStockphoto; 64tl: Floortje/iStockphoto; 64tr: Ewen Cameron/iStockphoto; 64bl: Nikita Starichenko/Shutterstock; 64br: Aquariagirl1970/Dreamstime; 65tl: sursad/Shutterstock; 65tc: nullplus/iStockphoto; 65tr: Catherine Ursillo/Photo Researchers, Inc.; 65bl: Semen Lixodeev/Shutterstock; 65br: Kati Molin/iStockphoto; 66 - 67: KoenSuyk/age fotostock; 66cl: Brasil2/iStockphoto; 66cm: Maria Toutoudaki/iStockphoto; 66tr: Ton Koene/age fotostock/SuperStock; 67tl, 67tcl: iStockphoto/Thinkstock; 67tcr: eAlisa/Shutterstock; 67tr: Jupiterimages/Thinkstock; 68 - 69 (background): Josef Friedhuber/iStockphoto; 68bl: Thomas Marent; 68 - 69 (gorilla): erwinf/Shutterstock; 69tl: LifesizeImages/iStockphoto; 69tc: Media Bakery; 69tr: Zeliha Vergnes/iStockphoto; 69bc: Thomas Marent; 69br: Hemera/Thinkstock; 70 - 71 (branch), 70 (rhinoceros hornbill): iStockphoto/Thinkstock; 70 (imperial parrot): Petra Wegner/Alamy; 70 (tapir): Ammit/Dreamstime; 70 (Madagascar serpent eagle): E.R. Degginger/Alamy; 70 (golden dragon fish): 4155878100/Shutterstock; 70 (hyacinth macaw): Isselee/Dreamstime; 70 (great green macaw): Evgeniapp/Dreamstime; 70 (Bali starling): Leung Cho Pan/Dreamstime; 70 (Philippine eagle): Edwin Verin/Dreamstime; 70 (Queen Alexandra's birdwing butterfly): dieKleinert/Alamy; 70 (manatee): 33karen33/iStockphoto; 70 (red-headed vulture): Gvision/Dreamstime; 70 (giant otter): Kevin Schafer/Media Bakery; 71 (black-handed spider monkey): Lunamarina/Dreamstime; 71 (white-cheeked gibbon l): Mitja Mladkovic/Dreamstime; 71 (white-cheeked gibbon r): Andras Deak/Dreamstime; 71 (glasswing butterfly): Alessandro Zocchi/iStockphoto; 71 (rufous hornbill): Petra Wegner/Alamy; 71 (poison dart frog): Eric Isselée/iStockphoto; 71 (red-crowned Amazon parrot): Anthony Mercieca/Photo Researchers, Inc.; 71 (golden mantella frog): Eric Isselée/Fotolia; 71 (yellow-crested cockatoo): Isselee/Dreamstime; 71 (gorilla): lexan/Fotolia; 71 (Spix's macaw): Claus Meyer/Getty Images; 71 (katydid): Thomas Marent; 71 (postman butterfly): John Pitcher/iStockphoto; 71 (chimpanzee): Judy Tejero/Fotolia; 71 (treehopper): Patrick Landmann/Photo Researchers, Inc.; 71 (black-and-white ruffed lemur): Lukas Blazek/Dreamstime; 71 (Sumatran tiger): Eric Isselée/Shutterstock; 71 (golden-headed lion tamarin): Isselee/Dreamstime; 71 (electric blue gecko): Mgkuijpers/Dreamstime; 72 - 73 (background): Thomas Marent; 72 (butterfly): Jeff Grabert/Dreamstime; 72 (bamboo): iStockphoto/Thinkstock; 72 (scorpion), 73 (leaf): Thomas Marent; 73 (vine): Stephane Bidouze/Shutterstock; 73 (ants): Thomas Marent; 73 (campfire): Jupiterimage/Thinkstock; 73 (toucan): Eduardo Mariano Rivero/iStockphoto; 74tr, 74bl: Rainforest Rescue International; 74 - 75 (leeches): szefei/Shutterstock; 75br: Hornbil Images/Alamy; 76 - 77: Hemera/Thinkstock; 78: Kheng Ho Toh/Dreamstime; 79: Wisnu Haryo Yudhanto/Dreamstime.

Cover

Background: Antonio Jorge Nunes/Shutterstock. Front cover: (tl) Jeff Grabert/Dreamstime; (c) Thomas Marent; (bl) Nick Garbutt/Nature Picture Library; (br) Lunamarina/Dreamstime. Back cover: (tr) fivespots/Shutterstock; (computer monitor) Manaemedia/Dreamstime.